ROLE DE L'OXYGÈNE

DANS

LA RESPIRATION ET LA VIE

DES VÉGÉTAUX

ET DANS LA STATIQUE DES ENGRAIS.

CAUSE ESSENTIELLE

DE L'INFLUENCE EXERCÉE PAR LA CHALEUR DANS LA VÉGÉTATION.

INDICATION D'UNE NOUVELLE BRANCHE DE CULTURE.

STATIQUE DE L'OXYGÈNE ET DE LA CHALEUR ATMOSPHÉRIQUE.

PAR

M. ÉDOUARD-ROBIN

> Les anciens ont trop négligé l'observation et l'expérience ; ils ont trop souvent raisonné sans matériaux suffisants ; ils ont trop peu songé à soumettre à l'expérimentation les résultats de leurs recherches.
>
> Les modernes ont observé, expérimenté, accumulé des matériaux que le raisonnement à son tour n'a pas toujours mis en œuvre.
>
> La science observe, expérimente, et, par le raisonnement, utilise les matériaux qui enrichissent son domaine.
>
> ÉDOUARD-ROBIN, *Chimie expérimentale et raisonnée.* t. Ier.

PARIS

CHEZ J.-B. BAILLIÈRE

LIBRAIRE DE L'ACADÉMIE NATIONALE DE MÉDECINE, RUE HAUTEFEUILLE, 19

A LONDRES, chez H. BAILLIÈRE, 219, Regent-Street

A MADRID, chez C. BAILLY-BAILLIÈRE, calle del Principe, 11.

ROLE DE L'OXYGÈNE

DANS LA

RESPIRATION ET LA VIE DES VÉGÉTAUX

PARIS. — IMPRIMERIE D'E. DUVERGER,

RUE DE VERNEUIL, N° 6.

RÔLE DE L'OXYGÈNE

DANS

LA RESPIRATION ET LA VIE

DES VÉGÉTAUX

ET DANS LA STATIQUE DES ENGRAIS.

CAUSE ESSENTIELLE

DE L'INFLUENCE EXERCÉE PAR LA CHALEUR DANS LA VÉGÉTATION.

INDICATION D'UNE NOUVELLE BRANCHE DE CULTURE.

NOUVELLE STATIQUE DE L'OXYGÈNE ET DE LA CHALEUR ATMOSPHÉRIQUE.

PAR

M. ÉDOUARD-ROBIN

PROFESSEUR PARTICULIER DE CHIMIE, ETC.

> Les anciens ont trop négligé l'observation et l'expérience : ils ont trop souvent raisonné sans matériaux suffisants : ils ont trop peu songé à soumettre à l'expérimentation les résultats de leurs recherches.
>
> Les modernes ont observé, expérimenté, accumulé des matériaux que le raisonnement à son tour n'a pas toujours mis en œuvre.
>
> La science observe, expérimente, et, par le raisonnement, utilise les matériaux qui enrichissent son domaine.
>
> ÉDOUARD-ROBIN. *Chimie expérimentale et raisonnée*, t. 1er.

PARIS

CHEZ J.-B. BAILLIÈRE

LIBRAIRE DE L'ACADÉMIE NATIONALE DE MÉDECINE, RUE HAUTEFEUILLE, 19

À LONDRES, chez H. BAILLIÈRE, 219, Regent-Street

À MADRID, chez C. BAILLY-BAILLIÈRE, calle del Principe, 11

1852

AU SAVANT AUTEUR

DE LA

THÉORIE PHYTONIENNE,

M. CHARLES GAUDICHAUD,

Membre de l'Institut de France (Académie des Sciences),

HOMMAGE DE HAUTE ET RESPECTUEUSE CONSIDÉRATION.

ÉDOUARD-ROBIN.

ROLE DE L'OXYGÈNE

DANS LA

RESPIRATION ET LA VIE DES VÉGÉTAUX

PREMIER MÉMOIRE.

(Il a été présenté à l'Académie des sciences le 14 juillet 1851.)

Commissaires : MM. MAGENDIE, PAYEN, GAUDICHAUD.

La respiration des végétaux, comme celle des animaux, est en toute circonstance une combustion lente exercée par l'oxygène humide.

Dans l'état actuel de la science, et malgré les excellents travaux des Ingen-Housz, Théod. de Saussure, Dutrochet, Boussingault, etc., la respiration des plantes ne me semble pas considérée sous son véritable point de vue. La décomposition d'acide carbonique opérée par les parties vertes sous l'influence de la lumière directe est présentée comme le fait essentiel de cette respiration ; c'est, suivant moi, le fait exceptionnel et secondaire. La respiration d'oxygène humide est regardée comme un fait secondaire ; c'est le fait général et essentiel.

Les phénomènes de la putréfaction dans les animaux et dans les végétaux, phénomènes qui jettent tant de jour sur *ceux de la vie, montrent que, dans les conditions ordinaires, et dès que la température est suffisante, l'oxygène humide ne saurait avoir le contact des matières organisées sans leur faire subir la combustion lente.* Ils montrent, en outre, que *la quantité de cette combustion augmente, toutes choses égales, avec la température de la matière organisée* [1].

Partant de là, je me suis dit :

Ce n'est point dans les animaux seulement, et pendant la vie, que l'oxygène humide exerce une combustion indispensable ; son action est générale et nécessaire dans toute la nature organisée. Elle s'opère dans les végétaux comme dans les animaux, après la mort comme pendant la vie ; elle joue aussi pendant la vie, dans la respiration des végétaux, le même rôle que dans celle des animaux. En un mot, la res-

---

(1) Ces Mémoires font suite à un ouvrage inédit sur la conservation des matières animales et végétales, dans lequel j'ai reconnu que la combustion lente est nécessaire à la putréfaction, non-seulement au début, mais du commencement à la fin.

Dans cet ouvrage, avant de faire connaître les conditions à remplir pour protéger contre la combustion lente, j'ai étudié avec soin quelles sont et les parties où se trouve naturellement l'agent capable de la produire et les matières sur lesquelles il l'exerce primitivement.

En le terminant, je compris que l'oxygène, agent essentiel à la décomposition des matières organisées après la mort, étant au contraire pendant la vie l'agent essentiel à la conservation de l'existence, les substances avec lesquelles je maîtrisais à volonté l'action de ce gaz sur les matières organisées mortes, partant leur combustion lente, constamment nécessaire à la putréfaction, devaient exercer pendant la vie un rôle des plus importants et nullement connu. Il me sembla devoir résulter de ce rôle des lois nouvelles concernant les phénomènes de la vie dans les êtres organisés, et aussi une nouvelle ère pour la thérapeutique. Je laissai inédit mon traité sur les fermentations, et, avec toute l'activité que pouvaient me permettre un enseignement continu et la terminaison de mes ouvrages de chimie proprement dite, je travaillai au développement des nouvelle applications à la physiologie et à la thérapeutique.

De là les divers Mémoires que j'ai donnés depuis deux ans, et dont celui-ci fait partie.

'piration des animaux, celle des végétaux, ne sont que des cas particuliers de la combustion générale que l'oxygène humide exerce sur les matières organisées.

Examinons si les faits confirment cette manière de voir.

I. Étendue des parties où peut se produire la décomposition de l'acide carbonique dans les végétaux. Influence de la lumière sur cette fonction.

Une seule couche du végétal est capable d'opérer la décomposition d'acide carbonique : la matière verte.

Cette matière n'existe pas dans tous les végétaux, ni dans toutes les parties de ceux qui la présentent : elle ne forme, dans ces derniers, qu'une mince enveloppe entourant celles des parties aériennes qui n'ont pas plus de deux à trois ans, ne s'étendant point aux parties souterraines, et manquant dans les fleurs ainsi que dans les fruits mûrs.

Telle est la répartition de la matière verte dans les végétaux. Voyons son activité.

Loin d'opérer d'une manière continue la décomposition d'acide carbonique, la matière verte ne la produit jamais dans l'obscurité, conséquemment pendant la nuit. (Priestley, Senebier, Théod. de Saussure.) Elle peut l'opérer pendant le jour ; mais la décomposition, dont l'activité décroît rapidement avec l'intensité de la lumière, n'est que très faible à l'ombre, surtout pendant les jours sombres [1].

(1) La décomposition d'acide carbonique par les plantes vertes, même à la lumière diffuse, était admise depuis longtemps.

On s'appuyait :

1° Sur ce que la couleur verte, due à l'acquisition de carbone provenant de cette décomposition, s'entretient dans les plantes qui vivent constamment à l'ombre, et se trouve seulement moins prononcée ;

2° Sur ce qu'en outre elles vivent longtemps et souvent prospèrent dans cette exposition complète à l'ombre, bien que leur mort ne tarde pas à survenir dans les conditions où, par des moyens artificiels, on les soustrait au contact de l'acide carbonique extérieur et de celui qu'elles peuvent fournir.

On le voit déjà, la décomposition d'acide carbonique n'est point, comme agent de respiration, immédiatement essentielle à la vie.

Et en effet :

Nombre de végétaux, ceux qui n'ont pas de parties vertes (les champignons, les hypoxylons, des lichens, des algues), quelques autres dont les parties vertes sont particulières (certaines espèces de hypnum), parcourent les différentes périodes de leur vie sans altérer l'acide carbonique ;

Dans tous les végétaux, les racines souterraines, constamment privées de parties vertes, se développent, croissent et achèvent leur vie sans l'avoir jamais décomposé ;

Les embryons, les tubercules, les bulbes, les bourgeons et les fleurs sont en général dans le cas des racines ;

Même dans les parties vertes ou susceptibles de l'être, la vie s'entretient assez longtemps, une sorte d'accroissement s'opère dans plusieurs des conditions où le peu d'intensité de la lumière ne permet pas la décomposition du même acide[1].

La décomposition d'acide carbonique à la lumière diffuse a été prouvée d'une manière plus directe par MM. Calvert et Ferrand (*Annales de Chimie et de Physique*, t. II, p. 477, année 1844). Ils ont constaté que l'air contenu dans les gousses, dans celles du baguenaudier (*Colutea arborescens*) par exemple, est beaucoup plus riche en acide carbonique la nuit que le jour ; que pendant le jour, et à partir de l'aurore, soit *à l'ombre*, soit à la lumière directe, pendant un jour clair ou sombre, l'acide carbonique de cet air diminue à mesure que l'intensité de la lumière augmente, et que la diminution d'acide carbonique est accompagnée d'une augmentation d'oxygène dans un rapport tel que l'oxygène d'augmentation doit être considéré comme celui qui faisait partie de l'acide carbonique décomposé.

(1) *Note additionnelle.* Méèse fait germer des pois, les uns dans l'obscurité, les autres au grand jour. La germination opérée, il laisse dans l'obscurité les plantules des premiers, et à la lumière celles des seconds. Les premières s'étiolent, c'est-à-dire poussent des tiges longues, effilées, blanches, terminées par de très petites feuilles peu nombreuses et d'un vert pâle, puis meurent au bout de trente-six jours de végétation, et après avoir acquis $0^m,730$ de longueur. Celles qui avaient crû dans les conditions ordinaires, soumises aux influences alternatives de la lumière et de l'obscurité, avaient seulement $0^m,189$; en sorte qu'elles se trouvaient à l'égard des autres dans le rapport de 1 à 3. (*Journal de Physique*, t. VII, p. 115.)

Il y a plus ; cette décomposition exige, comme les autres fonctions de la vie, l'intervention de l'oxygène humide. On le sait par les expériences de Théod. de Saussure : quelle que soit l'influence directe de la lumière solaire, l'acide carbonique reste inerte sur la matière verte s'il n'est pas accompagné d'oxygène, et alors les végétaux ne tardent pas à mourir. (*Recherches sur la végétation*, ch. II, p. 54, et ch. III, p. 152.)

Ainsi des organes essentiels du végétal, des groupes importants de végétaux parcourent toute leur vie sans décomposer l'acide carbonique. Dans aucun végétal ce gaz n'est, comme stimulant, immédiatement nécessaire à l'existence ; jamais, d'ailleurs, sans l'intervention de l'oxygène, il ne peut concourir à l'entretien de la vie.

II. Étendue des parties où peut se produire la combustion lente par l'oxygène humide. Influence de la lumière sur cette fonction.

Combien est différent le rôle de l'oxygène humide ! Toute la matière végétale est plus ou moins soumise à son action : tous les organes extérieurs d'une consistance convenable, graines, racines, tubercules, bulbes, rhizomes, fleurs, fruits, feuilles et jeunes pousses, vertes ou non, l'absorbent et deviennent le siége d'une combustion lente, non pas seulement dans l'obscurité, ainsi qu'on l'admet généralement, mais aussi et mieux encore pendant le jour, *surtout au soleil*.

Une cause d'erreur contre laquelle on ne s'est pas mis en garde a empêché de reconnaître la combustion exercée par l'oxygène, à la lumière directe, dans les parties vertes.

Quand on opère à l'abri de la lumière, et particulièrement de la lumière directe, l'absorption d'oxygène par les végétaux vivants se constate sans difficulté : la diminution de ce gaz dans leur atmosphère, la production d'acide carbonique rendent le phénomène manifeste ; il est aussi généralement reconnu que parfaitement constaté.

Lors même qu'on opère à la lumière, l'absorption d'oxygène ne présente encore aucune cause sérieuse d'erreur quand on agit sur des parties qui ne sont pas vertes : là encore elle est un fait notoire.

Il n'en est plus ainsi de l'absorption d'oxygène par les parties vertes sous l'influence de la lumière, et surtout de la lumière directe : le résultat apparent est alors fort différent du résultat vrai ; il séduit par l'extraordinaire, il a fait céder à l'apparence.

Sous l'influence de la lumière, et par une température suffisante, la matière verte, exerçant une action que seule pour ainsi dire [1] entre les substances organiques elle est en état de produire, décompose l'acide carbonique contenu dans le végétal et celui qu'elle prend directement à l'atmosphère : elle retient le carbone et rend EN PARTIE l'oxygène. Le végétal à parties vertes devient ainsi producteur de ce gaz. La quantité qu'il en cède à l'atmosphère est-elle égale ou supérieure à celle qu'il lui enlève : l'absorption ne se manifeste plus, du moins de la manière dont elle s'était manifestée ; alors, ou elle n'est pas reconnue, où elle est considérée comme un fait sans importance en présence du phénomène remarquable de la production.

Voilà comment, malgré les faits qui la constatent, malgré les lois générales de la science, qui la présentent comme plus considérable, dans des conditions égales par ailleurs, sous l'influence de la lumière qu'en toute autre circonstance, on a été conduit à la négliger ; à ne considérer, dans l'action des parties vertes sous l'influence de la lumière di-

(1) D'après les recherches importantes de M. Morren, certains animalcules microscopiques colorés en vert, quelques autres de couleur rouge, jouissent aussi du pouvoir d'opérer au soleil la décomposition de l'acide carbonique.

recte, que la décomposition d'acide carbonique, l'acquisition de carbone et l'exhalation d'oxygène; à ne voir enfin, dans ce résultat principal, qu'une action non-seulement sans analogie avec la respiration d'oxygène humide opérée soit à l'obscurité soit à l'ombre, mais encore complétement opposée à ce mode de respiration.

Les faits établissant qu'à la lumière comme dans l'obscurité, les parties vertes absorbent l'oxygène humide, et le transforment pour une grande part en acide carbonique, sont dus aux fondateurs de la science.

Les expériences d'Ingen-Housz l'avaient déjà constaté : *pendant le jour*, à partir d'une température de 15° environ, et dans les lieux où l'ombre ne laisse pas une trop vive lumière, les parties vertes des plantes enlèvent à l'air atmosphérique de l'oxygène que la plupart exhalent ensuite, *au moins partiellement*, à l'état d'acide carbonique. En sorte qu'au lieu d'améliorer leur atmosphère dans cette circonstance, elles la rendent moins pure. (*Expériences sur la végétation.*)

Après Ingen-Housz, Spallanzani reconnaît très nettement et l'absorption d'oxygène opérée par les parties vertes exposées *à l'ombre*, particulièrement dans les jours sombres, et la production d'acide carbonique qui en résulte. (*Rapports de l'air avec les êtres organisés*, t. III.)

En ce qui concerne l'absorption d'oxygène par les feuilles vertes, surtout pendant les jours sombres, les résultats d'Ingen-Housz et de Spallanzani viennent d'être pleinement confirmés par les expériences de M. Garreau. Il a vu que, si, opérant comme l'avaient fait Senebier (*Action de la lumière solaire sur la végétation*), Théod. de Saussure, etc., on enlève autant que possible l'acide carbonique à mesure qu'il se produit, les feuilles prises dans leur période d'accroissement, pendant les jours sombres et à l'ombre, inspirent du gaz oxygène qu'elles transforment plus ou moins promptement, et *en partie seulement*, en acide carbonique qui est partiellement expiré. (*Compte rendu de l'Académie des sciences*, t. XXXII, p. 298, année 1851.)

Les expériences de Spallanzani, celles de Théod. de Saussure, sont allées plus loin : elles ont conduit ces habiles et sévères naturalistes à admettre que, *surtout au soleil,* les parties vertes enlèvent de l'oxygène libre à l'atmosphère et le convertissent en acide carbonique.

Le mode opératoire de Saussure, analogue au fond à celui qui vient d'être mis en pratique par M. Garreau, consiste à étudier l'action des parties vertes sur un air dont l'acide carbonique est éliminé à mesure qu'il y est exhalé.

Des plantes vertes, et autres que des plantes grasses, sont placées sous des cloches pleines d'air ordinaire; les cloches sont renversées sur des soucoupes remplies d'une solution aqueuse ou de chaux ou de potasse, et elles portent suspendue à leur partie supérieure de la chaux éteinte, quelquefois légèrement humectée d'eau. L'influence de l'acide carbonique dans l'atmosphère de la plante se trouvant ainsi presque complétement écartée, *l'appareil est exposé au soleil.* L'atmosphère ne tarde pas à *diminuer* par suite de l'absorption d'oxygène et de sa transformation en acide carbonique qui, rejeté en proportion plus ou moins forte, est bientôt absorbé par l'alcali. La mort survient en peu de jours, et l'on constate une diminution considérable dans la quantité de l'oxygène employé. Au contraire les végétaux semblables qui vivaient en même temps, mais sans alcali, « sous des récipients pleins d'air commun, ne l'avaient changé ni en pureté ni en volume, et à la fin de l'expérience ils étaient sains et vigoureux dans toutes leurs parties. » (*Recherches sur la végétation.*)

Ailleurs, Théod. de Saussure expose *au soleil* des feuilles vertes disposées dans des récipients pleins de *gaz oxygène pur*, et contenant une dissolution alcaline (chaux ou potasse); il constate une absorption considérable d'oxygène, et une production d'acide carbonique « beaucoup plus grande que dans l'air. »

Dans plusieurs parties de son excellent ouvrage, de Saussure revient sur l'absorption d'oxygène opérée au soleil par les parties vertes. Toujours il les considère comme produisant, avec l'oxygène qui les environne, plus de gaz carbonique au soleil qu'à l'ombre. Il ajoute : « Quand on ne s'aperçoit pas de la formation d'acide carbonique par les plantes qui végètent sans chaux *dans l'air commun et au soleil,* c'est parce qu'elles décomposent en grande quantité, à mesure de sa production, celui qu'elles forment au moyen de l'oxygène qui les environne. » (*Recherches sur la végétation*, p. 34.)

Les expériences de Spallanzani l'avaient conduit à la même doctrine.

Bien que l'absorption d'oxygène libre par les parties vertes, sous l'influence de la lumière tant réfléchie que directe, soit constatée expérimentalement par ce qui précède, néanmoins, qu'il me soit permis de le dire, ce n'est pas dans ces expériences, ni même peut-être dans celles qui seront faites sur le même sujet, qu'on puisera les notions les plus importantes concernant la respiration d'oxygène par les parties vertes sous l'influence de la lumière solaire. Ce sont là de petites choses relativement à l'ensemble immense des faits de la science et aux lois qui en résultent. Elle nous montre :

Les combustibles les plus actifs du sang des animaux, les matières albumineuses et les sucres, répandus dans les liquides des végétaux comme dans ceux des animaux, s'accumulant dans les parties végétales où la vie s'exerce avec le plus d'activité, et partout s'accompagnant d'oxygène humide ;

La combustion par ce gaz

S'opérant, dès que la température est suffisante, dans toutes les matières organisées, animales ou végétales, mortes ou vivantes ;

Acquérant dans toutes une activité qui croît avec le degré de chaleur ; se produisant dès lors nécessairement pendant le jour, soit au soleil, soit à l'ombre, dans les parties vertes, puisque déjà elle s'y établit dans l'obscurité, et, toutes choses égales, devant présenter en elles, comme dans les autres matières organisées, d'autant plus d'activité que la température s'élève davantage.

Les faits de Spallanzani, les faits de Saussure, nos recherches expérimentales modernes, tous ces documents précieux n'existeraient pas, que la théorie ancienne ne serait pas moins complétement ruinée, la théorie actuelle parfaitement établie par les phénomènes généraux de la combustion lente, objet de mes études antérieures et cause de ces nouvelles études.

Par les faits exposés, la théorie actuelle est confirmée et devient théorie rationnelle ; par les phénomènes de la combustion lente, elle est théorie nécessaire.

III. Caractère de la fonction exercée par l'oxygène humide.

La combustion opérée à une température suffisante dans les différentes parties du végétal en état de vie, vertes ou non, à la lumière comme à l'obscurité, ainsi établie, il reste à reconnaître le caractère qu'elle présente.

Dans l'état actuel des faits, là particulièrement est le point essentiel, le côté réellement neuf de la question ; c'est là qu'une importante lacune existe dans la science.

Si, en effet, de notre temps, l'oxygène humide est considéré comme ne servant plus à la respiration des végétaux exposés au soleil ; si les faits, mal présentés, mal interprétés, ne pouvaient guère être compris que par celui qui sachant par ailleurs, n'en avait besoin que comme de matériaux à l'appui de sa doctrine ; s'ils ne pouvaient, en outre, acquérir toute l'autorité désirable que joints à ceux, plus concluants, fournis par les phénomènes généraux de la combustion lente dans les matières organisées ; néanmoins il existait, on l'a vu, des faits incontestables montrant que, même au soleil, l'absorption d'oxygène humide continue.

Mais ce que n'ont pas compris ceux qui ont donné les faits, ce qui n'a été aucunement reconnu jusqu'ici, c'est leur signification, leur importance dans la respiration des végétaux.

Chez le végétal comme chez l'animal, la vie ne naît point, la vie développée ne s'entretient point sans la combustion lente par l'oxygène humide.

Dans une atmosphère complétement privée d'oxygène, dans l'acide carbonique lui-même, et quelle que soit l'influence de la lumière :

Les graines n'éprouvent point la germination (Lefébure, Huber et Senebier, de Saussure), et celles qui sont germées restent stationnaires ;

Les fleurs, même celle des plantes aquatiques, ne donnent aucun signe de vie active ;

Les tubercules, les bulbes, les bourgeons et les racines se comportent comme les fleurs ;

Les végétaux entiers, quel que soit leur état de développement, cessent de croître et ne tardent pas à périr, pourvu toutefois que la température soit assez élevée pour que la combustion lente par l'oxygène humide puisse s'exercer.

Les fruits dont, par un moyen quelconque, on empêche le contact avec l'oxygène n'éprouvent plus d'accroissement et meurent. (Expériences de M. Bérard.)

D'après ce que montrent et les expériences qui existaient dans la science, mais dont on n'avait pas l'explication, et celles qui me sont propres, toutes les substances qui s'opposent à la combustion lente des matières végétales, agissant comme sur les animaux et sur leurs germes, font périr tous les végétaux et ne laissent opérer aucune germination, c'est-à-dire empêchent tout développement de vie dans les graines et dans les organes analogues, les bourgeons, les tubercules, les bulbes, les bulbilles et les spores.

Voici donc l'expression générale des faits :

Tandis qu'à l'état intégral l'acide carbonique asphyxie les végétaux comme les animaux ;

Tandis que des organes essentiels du végétal, des groupes importants de végétaux parcourent toute leur existence sans jamais le décomposer ;

Tandis que, dans les parties qui la produisent, cette décomposition éprouve de longues intermittences, et des intermittences naturelles journalières, sans porter aucune atteinte à la vie ;

L'oxygène humide, au contraire, exerce la combustion lente dans toutes les parties du végétal douées de vie, vertes ou non, éclairées ou dans l'obscurité ; cette combustion est constamment nécessaire et pour faire naître et pour entretenir les manifestations de vie dans le végétal entier comme dans chacune de ses parties ; en un mot, dans les végétaux comme dans les animaux, l'oxygène humide est en réalité le stimulant constamment nécessaire à l'existence ; la combustion qu'il exerce est la source unique donnant naissance à l'agent qui produit la motilité et l'excitabilité ; elle est le seul acte véritablement respiratoire.

IV. Caractère de la fonction exercée par l'acide carbonique.

Quant à la décomposition d'acide carbonique effectuée

par les parties vertes sous l'influence de la lumière, elle
n'est qu'une annexe de la combustion lente par l'oxygène
humide, un mode particulier de respiration et un acte de
nutrition.

Par le *carbone* qui en résulte, la décomposition d'a-
cide carbonique fournit un combustible souvent indispensable à l'exercice de la combustion lente par l'oxygène humide, et un aliment nécessaire à l'organisation.

Par l'*oxygène* qu'elle fait naître, et qu'elle présente en
partie à l'état naissant, cette même décomposition vient en
aide à la respiration d'oxygène libre emprunté à l'atmosphère, mais elle n'est encore qu'une dépendance de la respiration d'oxygène humide.

Théod. de Saussure l'a prouvé : une portion plus ou
moins grande de l'oxygène provenant de la décomposition
d'acide carbonique effectuée par les parties vertes sous l'influence de la lumière sert à la combustion lente et lui est
souvent indispensable. (*Recherches sur la végétation*, sect. 4,
p. 49, et sect. 8, p. 116, etc.)

Lorsque l'élévation de température, l'intensité plus forte
de la lumière, rendent plus grandes la consommation
d'oxygène et celle du combustible que ce gaz enlève au
végétal, les parties vertes décomposent l'acide carbonique ;
d'un agent par lui-même cause de mort, elles font naître
à la fois deux agents de combustion, deux soutiens de la
vie : l'oxygène naissant et le carbone, le gaz comburant et
le principal combustible.

C'est ainsi qu'une combustion plus active peut avoir lieu
sans que les parties s'altèrent.

Il suit de là, et de ce qui a été dit précédemment concernant l'action de l'oxygène libre et humide, que, sous l'influence de la lumière directe, les parties vertes des végétaux, au lieu de ne plus exercer la respiration d'oxygène
humide en activité pendant la nuit, et à l'ombre pendant le

jour, possèdent au contraire une *double respiration* de ce gaz : la respiration d'oxygène libre et humide, emprunté à l'atmosphère, et la respiration d'oxygène provenant de la décomposition qu'elles font éprouver à l'acide carbonique.

Les choses se feraient donc en sens inverse de ce qui est indiqué par la théorie reçue. On admet que c'est à l'obscurité que les végétaux respirent le plus d'oxygène : c'est alors qu'ils n'exercent qu'un seul mode de respiration et qu'ils l'exercent le plus faiblement. On présente les faits comme si, pendant le jour, sous l'influence de la lumière directe, leur respiration d'oxygène libre et humide était sans importance, et même habituellement comme s'ils ne l'exerçaient plus : c'est alors précisément qu'ils peuvent opérer la plus forte absorption. A leur mode de respiration normal de ce gaz vient s'ajouter le mode de respiration anormal, dont seuls pour ainsi dire ils jouissent parmi les êtres organisés, et qui, tout en concourant avec le premier à fournir l'oxygène utile à la combustion devenue plus active et plus impérieuse, fournit en outre une provision de combustible, soutien des combustions ultérieures et aliment souvent indispensable à la structure des parties.

Tel me paraît être, d'après l'ensemble des faits, d'après les lois de la science, le caractère de la respiration dans les végétaux.

DEUXIÈME MÉMOIRE.

(Il a été présenté à l'Académie des sciences le 3 novembre 1851.)

Commissaires : MM. MAGENDIE, PAYEN, GAUDICHAUD.

Rapport que les végétaux comme les animaux présentent entre la quantité de vie et la quantité de combustion. Pourquoi l'oxygène humide joue un rôle si différent pendant la vie et après la mort. Cause essentielle de l'influence exercée par la chaleur dans la végétation, et dans la statique des engrais. Indication d'un nouveau mode de culture.

1.

RAPPORT QUE LES VÉGÉTAUX COMME LES ANIMAUX PRÉSENTENT ENTRE LA QUANTITÉ DE VIE ET LA QUANTITÉ DE COMBUSTION LENTE.

Dans un mémoire précédent, j'ai cherché à prouver que, chez les végétaux comme chez les animaux, la combustion lente par l'oxygène humide s'effectue dans toutes les parties douées de vie, *éclairées ou dans l'obscurité;* qu'elle est dans les végétaux le fait essentiel de la respiration, le seul acte véritablement respiratoire, et que la décomposition d'acide carbonique n'est encore pour eux qu'un nouveau mode de respiration de l'oxygène humide, auquel se joint un acte de nutrition.

Là ne se borne pas l'influence de ce gaz quant à la respiration : dans le végétal ainsi que dans l'animal[1], l'intensité de la vie est toujours en rapport avec la quantité de combustion.

Voilà ce qu'on observe quand on examine les phénomènes de la vie des végétaux, soit sous l'influence des agents qui protégent contre la combustion lente, soit dans une atmosphère graduellement moins riche en oxygène que l'atmosphère ordinaire, soit dans l'atmosphère ordinaire à différents degrés de chaleur, en un mot dans toutes les circonstances où il est possible de comparer entre elles la combustion et la vie.

§.1.— Rapport entre la quantité de vie et la quantité de combustion, manifesté par l'influence des agents qui protégent contre la combustion lente.

Relativement à l'influence des agents protecteurs contre la combustion lente, mes expériences, jointes à celles qui existaient dans la science, montrent que l'opium, l'acide cyanhydrique, le chloroforme, les éthers, l'huile de houille, les arsenicaux, les mercuriaux, et les agents quelconques capables de paralyser plus ou moins l'action comburante de l'oxygène humide, agissant comme la diminution de ce gaz directement produite dans les plantes par la pompe pneumatique, ralentissent toujours, et dans un rapport qui varie avec la combustion elle-même, les effets de la contractilité, les mouvements attribués à l'excitabilité végétale, et déterminent une moindre vitalité dans les cellules, un ralentissement dans la vitesse d'ascension de la séve, une anesthésie plus ou moins complète.

(1) Voir (*Revue scientifique*, t. XXXVI, p. 97) mon Mémoire sur le rapport qui existe chez les animaux entre la quantité de vie et la quantité de combustion.

On coupe transversalement une branche d'euphorbe ou de tout autre végétal à suc laiteux ; le suc, quelle que soit la position donnée à la branche, s'écoule par les extrémités, chassé qu'il est par la contractilité des cellules. Aucun écoulement n'a lieu quand les plantes sont soumises un temps suffisant à l'action des poisons protecteurs contre la combustion lente.

Suivant la proportion de matière toxique employée, la sensitive, l'épine-vinette et les plantes analogues perdent en tout ou en partie leur sensibilité, leur contractilité; tous les végétaux, quels qu'ils soient, éprouvent plus difficilement ou cessent complétement d'éprouver les phénomènes du sommeil et du réveil.

Ceux d'entre ces agents, l'acide cyanhydrique, et surtout les éthers, le chloroforme, le camphre, etc. , qui produisent facilement un arrêt momentané de la combustion lente chez les animaux, dès lors une perte momentanée de la sensibilité et de la contractilité, produisent facilement des effets de même nature sur les végétaux.

Les composés métalliques qui protégent contre la combustion lente en contractant des combinaisons plus ou moins permanentes avec les tissus, ont aussi la plus grande tendance à produire des effets physiologiques permanents.

Néanmoins, par l'emploi de solutions faibles, on parvient à produire des effets non persistants. Le poison est alors éliminé peu à peu par les racines sans jamais s'être trouvé à dose suffisante pour déterminer la mort complète.

Macaire avait obtenu ce résultat au moyen des arsenicaux et des mercuriaux. Tout récemment, M. Chatin l'a reproduit en employant les arsenicaux, et a soumis à un examen attentif les circonstances qui font varier la vitesse d'élimination [1]. J'ai moi-même souvent constaté le fait en employant le chromate et le bichromate de potasse.

Le poison n'a-t-il agi que momentanément, et à dose assez faible pour ne pas déterminer la mort complète : il est peu à peu éliminé par les racines. Dans chaque plante, l'élimination est d'autant plus rapide que les circonstances sont plus favorables à la circulation de la séve; d'autant plus rapide, par conséquent, qu'il fait plus chaud, que, les racines restant dans une humidité convenable, l'air est plus sec, plus souvent renouvelé, la plante plus jeune et plus chargée de feuilles.

Telle est l'*influence* que les agents protecteurs contre la combustion lente exercent sur l'intensité des phénomènes de la vie.

§ 2. — Rapport entre la quantité de vie et la quantité de combustion, manifesté par l'influence des variations dans la proportion de l'oxygène environnant.

Constante, ou bornée à d'étroites limites, la température est-elle sans influence sur les phénomènes : la germination des semences, le développement des végétaux languissent de plus en plus à mesure qu'on rend l'atmosphère moins riche en oxygène, ou qu'on y fait pénétrer un autre gaz incapable d'en céder.

Graines. — La germination des graines, évolution qui s'effectue par l'oxygène humide sans que l'acide carbo-

---

(1) Macaire Princep, *Annales de chimie et de physique*, t. XXXIX, p 85. Marcet, *ibidem*, t. XXIX, p 216. Jœger, *Dissertatio de effectibus arsenici*, in 8°, Tubingæ, 1808. Gœppert, *Bulletin des sciences naturelles*, t. XVII, et *Annales des sciences naturelles*, t. XV et XX. M. Chatin, *Annales de chimie et de physique*, t. XXIII, p. 105, année 1848.

nique intervienne. présente à cet égard des phénomènes bien tranchés.

Dans une atmosphère humide où, au lieu d'employer l'air ordinaire, on diminue d'une manière quelconque la proportion d'oxygène qu'il contient, la germination se ralentit à mesure que la richesse en oxygène diminue, et il arrive un terme où tout développement devient impossible.

Les agriculteurs observent le même effet se produire dans le sol quand des obstacles s'opposent au renouvellement de l'air autour des graines.

Se trouvent-elles dans les circonstances où la dessiccation n'est pas à craindre : leur germination reçoit une activité croissante à mesure que, semées plus près de la surface, elles peuvent avoir plus facilement le contact de l'oxygène.

Des pluies abondantes viennent-elles à durcir la terre peu de temps après les semis, et à transformer la superficie en une croûte rendant plus difficile le renouvellement de l'air : la germination est retardée.

Au contraire une influence utile est exercée pendant un certain temps sur la germination, et par un air plus riche en oxygène que l'air commun (Huber et Senebier, de Saussure), et par les substances, telles que le chlore en dissolution aqueuse étendue, qui déterminent la naissance d'oxygène (de Humboldt). Dans l'un et l'autre cas, le phénomène s'opère avec plus d'activité que dans l'air. Seulement, dans le premier, il convient de renouveler l'atmosphère ou d'absorber l'acide carbonique; autrement, formé alors en plus grande proportion que dans les circonstances ordinaires, il deviendrait promptement nuisible [1].

---

(1) La germination a, je crois, été mal comprise.

On voit, dans cette fonction, l'oxygène servant à enlever un excès de

Racines. — Beaucoup de circonstances se présentent où la diminution d'oxygène s'effectue naturellement autour des *racines,* parties du végétal qui vivent, de même que les graines, sans rien emprunter à l'acide carbonique. Toujours, de même que dans les graines, la quantité de vie subit une diminution correspondante.

Comme l'avait observé Duhamel, les racines sont d'autant plus fortes, d'autant plus vigoureuses, d'une part, que, plus rapprochées de la surface, elles se trouvent dans des conditions plus favorables pour absorber l'oxygène; d'autre part, que le terrain où elles sont plantées, plus divisé par le labour, est plus perméable à l'air. (*Physique des arbres,* livre 1er, chap. V.)

Les plantes herbacées pivotantes, dont les grosses racines verticales, presque complétement dépourvues de chevelu, offrent peu de surface relativement à la masse, prospèrent mieux, toutes choses égales, dans une terre sèche que dans

carbone qui tiendrait comme enchaîné le jeune végétal, et s'opposerait à son développement. Tel n'est point le mode d'action résultant de l'ensemble des faits. Par la combustion qu'il excite, et qu'il excite en premier lieu dans la matière azotée, l'oxygène humide remplit deux rôles dans la germination.

D'un côté, il fait naître la vie, c'est-à-dire la contractilité, dans le germe.

D'un autre côté, pourvoyant à l'entretien de la vie naissante et à l'accroissement, il transforme la matière azotée accompagnant le germe en un ferment capable de convertir la fécule des cotylédons ou de l'endosperme en sucre qui se dissout et sert plus ou moins directement à l'alimentation de la jeune plante et à l'entretien de sa vie.

Toute graine comprend, en effet, essentiellement: un germe, une matière azotée, qui devient ferment par la combustion lente; de la fécule qui devient sucre sous l'influence de ce ferment; et des matières huileuses ou grasses.

En réalité, les graines ne sont pas seules des produits de la fécondation. Certains organes, bien que d'une tout autre origine, sont de véritables graines. Tels sont les bulbes et les tubercules. On y trouve le germe qui prend vie par la combustion lente, la matière qui devient aliment sous l'influence de cette combustion, et le combustible azoté ou ferment qui fait naître cette vie et rend l'aliment propre à l'entretenir.

une terre humide, et mieux encore dans une terre légère que dans une terre compacte : ce qui revient à dire que ces plantes prospèrent d'autant mieux, toutes choses égales, qu'elles sont mieux dans les conditions où les racines peuvent recevoir l'influence d'un air souvent renouvelé.

Le même phénomène se produit, comme on sait, dans toutes les plantes pivotantes à longues racines.

Au contraire, dans les terres argileuses, où l'air pénètre difficilement, ce sont les végétaux à racines peu développées, ou mieux encore les végétaux à racines traçantes, qui réussissent le mieux.

L'observation vulgaire le montre, les arbres plantés dans ces terres compactes doivent être introduits peu profondément, afin que l'air puisse atteindre les racines ; et, quelle que soit la nature du sol, les couches de terre arable superposées les unes aux autres ont une fertilité qui croît en raison inverse de la distance à la surface.

La végétation dans l'eau présente parfois des résultats analogues quant à l'influence de la proportion d'oxygène. Tandis que l'eau stagnante, celle particulièrement qui est privée du contact de l'air extérieur, a bientôt laissé épuiser l'oxygène nécessaire aux racines, l'eau courante le renouvelle sans cesse autour d'elles. L'activité de la vie ne tarde pas à traduire cette différence : les végétaux dont les racines sont tout à coup submergées par une eau stagnante en souffrent beaucoup plus que lorsqu'ils éprouvent le même accident dans une eau courante. Plus l'eau est chargée de substances capables d'absorber l'oxygène, telles que le terreau, l'eau de fumier, des matières quelconques en putréfaction, plus aussi l'accident offre de gravité.

Feuilles. — Les feuilles offrent encore quelques faits intéressants. Celles des arbres toujours verts consomment moins d'oxygène que celles des arbres qui se dépouillent en hiver (de Saussure); les premières effectuent moins de transpiration, ont moins d'activité vitale et vivent plus longtemps que les dernières. Les premières ne durent guère que trois mois environ; les autres vivent toute l'année, et même deux et trois années.

Plantes entières. — Qu'agissant enfin sur des plantes entières, on ajoute, ne fût-ce qu'en faibles proportions, à l'air qui les environne des gaz autres que l'oxygène, sans excepter l'acide carbonique : promptement ils sont nuisibles quand elles sont exposées à l'ombre; et, si au soleil la proportion d'acide carbonique peut sans inconvénient être plus considérable, l'effet vient de ce que la décomposition d'acide fournit alors une portion de l'oxygène essentiel à l'entretien de la vie. (Théod. de Saussure, *Recherches chimiques sur la végétation.*)

De même, et c'est là une observation qu'il importe de ne pas perdre de vue quand on fait des expériences toxicologiques sur les végétaux, ceux qu'on tient dans l'eau distillée y vivent d'autant moins longtemps qu'elle est moins aérée.

Enfin, plus un sol est labouré, remué, divisé, plus il est rendu perméable à l'air. plus sont nombreuses et ténues les particules autour desquelles ce fluide peut se condenser, plus aussi, toutes choses égales, la fertilité devient grande, plus la végétation montre d'activité. Les façons que reçoivent à différentes époques de l'année diverses cultures doivent leur principal avantage à l'introduction et au renouvellement de l'air autour des plantes. C'est ainsi que les façons d'été, dont l'expérience a fait connaître la grande utilité au vigneron, viennent renouveler l'air autour des racines à l'époque où le cep a besoin d'un surcroît de vigueur pour fournir une alimentation suffisante au développement si rapide de la grappe.

Tout concourt donc à le prouver : constante, ou bornée à d'étroites limites, la température est-elle sans influence sur les résultats : toujours les variations que la proportion d'oxygène détermine dans la quantité de combustion des graines, dans celle des plantes entières ou de certaines de leurs parties, entraînent des variations correspondantes dans la quantité de leur vie.

La même correspondance s'observe quand la quantité de vie change par une cause étrangère. C'est ce que présentent d'une manière bien manifeste les feuilles des végétaux qui se dépouillent en hiver : l'incrustation minérale rapide qu'elles subissent détermine dans les phénomènes de leur vie une diminution qui croît d'une manière très marquée avec les progrès de l'âge. A température, à sécheresse et à clarté égales, elles transpirent plus au printemps qu'en été, et en été qu'en automne [1] ; l'absorption qu'elles exercent, très forte au printemps, va en diminuant, surtout vers la fin de l'été, lorsque leur incrustation est considérable [2]. Eh bien, la quantité de leur respiration suit parfaitement cette marche de la vitalité : elles inspirent, à volume égal et pendant la nuit, de moins en moins d'oxygène à mesure qu'elles avancent en âge.

Parmi les nombreuses expériences de Théod. de Saussure qui établissent ce fait, j'en citerai une pour exemple. Dans l'espace de temps où les feuilles de pêcher absorbent 6,6 fois leur volume d'oxygène au mois de juin, elles n'en prennent plus que 4,4 au mois de septembre. (*Recherches sur la végétation*, p. 99.)

---

(1) Guettard, *Mémoires de l'Académie des sciences* pour 1749.

(2) M. Savy, *Mémoire sur la sève d'août* (Société de physique et d'histoire naturelle de Genève).

§ 3. — Rapport entre la quantité de combustion et la quantité de vie, manifesté par l'influence de l'oxygène considérée à des degrés de chaleur différents.

Le rapport entre la quantité de combustion et la quantité de vie des végétaux n'est pas moins évident quand, au lieu de considérer l'action de l'oxygène à des températures qui ne changeant pas, ou, n'éprouvant que de faibles variations, restent sans influence sur les phénomènes, on considère l'action de ce gaz *à des degrés de chaleur très différents*.

Comme l'animal à sang froid, le végétal subit une combustion d'une trop faible intensité pour avoir une température constante. C'est, si je puis dire, un être organisé à sang froid. Sa température, comme celle des animaux de cette classe, comme celle des matières organisées mortes, varie plus ou moins vite avec la température du milieu environnant.

Chacun le sait, la température des végétaux, assez élevée dans les saisons chaudes, peut devenir très basse dans les saisons froides. Seulement, comme le bois est très mauvais conducteur, comme sa conductibilité est moindre encore dans le sens transversal que dans le sens horizontal, comme d'ailleurs, quand elles la puisent profondément, l'eau qui parcourt les plantes tend à leur communiquer une chaleur à peu près constante, les variations extérieures un peu rapides ne déterminent rapidement des variations correspondantes que dans celles d'un petit volume. Les arbres ne suivent que de loin les variations dans la température extérieure; ils accusent, en général, plutôt l'état antérieur que l'état actuel de l'atmosphère.

La température des végétaux changeant ainsi avec la température extérieure, la combustion que l'oxygène humide effectue dans leur substance ne pouvait manquer d'être elle-même très inégale.

Comme dans l'animal à sang froid, comme dans toutes les matières organisées mortes, c'est-à-dire comme dans toutes les autres matières organisées à température variable, *la quantité de combustion que l'oxygène humide développe dans les végétaux croît avec la température et diminue avec elle.*

Ces résultats ne sont pas seulement conséquences nécessaires de ce que la combustion lente par l'oxygène humide varie avec le degré de chaleur dans tous les animaux à sang froid, dans toutes les matières organisées mortes, dans toutes les substances minérales susceptibles de l'éprouver aux températures ordinaires ; des expériences directes viennent les confirmer en ce qui concerne les végétaux en état de vie.

Constatons d'abord que les variations de combustion sont proportionnelles aux températures.

Vers la température de 0°, les *graines* ne sont plus attaquées par l'oxygène humide, et, à partir du degré de chaleur où elles cessent de résister à l'action de ce gaz, la combustion qu'il y excite est, toutes choses égales, d'autant plus active que la température s'élève davantage.

Un expérimentateur auquel la science doit la plupart de ses acquisitions relatives au rôle de l'oxygène humide pendant la vie des végétaux, Ingen-Housz, trouve que, soit qu'on opère la nuit ou dans l'obscurité, soit qu'on opère le jour, mais à l'ombre et par un temps sombre, la jusquiame, mise en expérience pendant l'été, transforme rapidement en acide carbonique l'oxygène de l'air qui l'enveloppe, tandis que, vers l'automne, quand les nuits sont froides, elle perd beaucoup de ce pouvoir. (Tome I, p. 62 et 253.)

L'ensemble de ses nombreuses expériences conduit le même savant à cette conclusion générale :

« Lorsque les chaleurs de l'été diminuent considérablement, les feuilles perdent beaucoup de leur faculté de *vicier l'air commun pendant la nuit et à l'ombre pendant le jour;* il en est de même des fruits.

« Les fleurs se comportent d'une manière analogue; mais elles perdent plus difficilement que les feuilles leur influence pernicieuse sur l'air. » (*Expériences sur les végétaux,* 2ᵉ édit., t. I, p. 86 de la préface.)

Après Ingen-Housz, Senebier entreprend sur le même sujet des expériences dont il a laissé le détail. Il reconnaît que *l'altération de l'air où les plantes végètent pendant l'obscurité est proportionnelle à l'intensité de la chaleur.* (*Expériences sur l'action de la lumière solaire dans la végétation,* p. 163 et suiv.)

Les expériences de Spallanzani conduisent à une conclusion semblable. (*Rapports de l'air avec les êtres organisés,* t. III.)

Enfin Théod. de Saussure, expérimentateur plus avancé, et d'une grande exactitude, voit :

Que *les fleurs vivantes consomment plus de gaz oxygène au soleil qu'à l'ombre;*

Que *l'élévation de température augmente la consommation* (*Recherches sur la végétation,* et *Annales de chimie et de physique,* t. XXI, p. 282, année 1822);

Qu'enfin, *dans l'obscurité, les parties vertes* inspirent une quantité d'oxygène qui croît avec la température; que, par exemple, « l'inspiration est plus grande dans un temps donné à la température de 20° à 25° Réaumur qu'à celle de 10° ou 15°. » (*Recherches sur la végétation,* p. 66.)

A l'époque de leur maturation, et soit complétement séparés de l'arbre, soit adhérents à ses rameaux, les fruits ont présenté à M. Bérard des phénomènes analogues. Quand il expérimentait au soleil ou par un temps chaud, l'absorption d'oxygène atmosphérique et la production d'acide carbonique étaient toujours plus promptes et plus complètes.

M. Dutrochet, auquel la botanique est tant redevable, a fait plusieurs observations concourant au même résultat.

Des expériences très délicates lui ont montré qu'une *plante verte*, exposée à l'air libre, possède vers le milieu du jour une température supérieure d'un tiers ou d'un quart de degré à celle d'une plante semblable placée dans les mêmes circonstances, mais privée de vie.

Dans l'obscurité, le même paroxysme se manifeste encore pendant trois jours environ; seulement l'excès de température va en s'affaiblissant, et finit par disparaître.

Les expériences très nombreuses, parfaitement concordantes, dont il s'agit, ne sont autres que celles dont les résultats généraux, confirmés de la manière la plus éclatante par les travaux postérieurs[1], font autorité dans la science.

Je leur emprunte des particularités dont on n'avait aperçu ni le caractère ni l'importance. Restées complétement étrangères aux lois générales déduites jusqu'ici, elles faisaient partie de ces matériaux qui encombrent le domaine de la science jusqu'à ce qu'enfin vienne le temps où l'on découvre l'usage auxquel ils sont propres.

Quoi qu'il en soit, l'exactitude du résultat général des expériences est incontestable; l'influence de la chaleur s'y trouve bien isolée de celle de la lumière, puisque généralement on a opéré pendant la nuit. On arrive donc forcément à cette conclusion :

Les indications théoriques précédemment exposées, c'est-

---

(1) Dans de récentes expériences sur des plantes exposées à la lumière, M. Garreau a trouvé, comme ses devanciers, qu'une élévation notable de température augmente la consommation d'oxygène et la production d'acide carbonique, tandis qu'un abaissement de température suffisant arrête ces deux effets. (*Compte rendu de l'Ac. des sc.*, t. XXXII, p. 298, année 1851.)

à-dire les indications de la plus haute valeur qui ressortent de l'ensemble des faits, les nombreuses expériences qui viennent d'être citées, et dont le résultat général mérite la plus grande confiance, établissent nettement que, comme je l'avais avancé, *la consommation d'oxygène humide effectuée dans les végétaux vivants suit la marche de la température extérieure.*

Que devient alors la quantité de vie? Conformément à mon principe, elle suit précisément la même marche.

Les preuves sont :

Cette grande activité de la circulation et de la motilité, ce rapide accroissement pendant les temps chauds ;

Cette lenteur de la circulation, cette suspension de l'accroissement, cette paralysie des mouvements attribués à l'excitabilité, cette torpeur générale, cet état d'hibernation pendant les temps froids ;

Cette activité générale moindre pendant la nuit, plus grande pendant le jour, et, toutes choses égales, constamment proportionnée à l'intensité de la lumière et de la chaleur ;

Ce fait que, nulle dans une atmosphère voisine de 0°, la germination, phénomène où la combustion par l'oxygène humide intervient sans le concours de l'acide carbonique, parcourt ses périodes d'autant plus rapidement que la température extérieure s'élève davantage, tandis qu'elle se ralentit et s'arrête par le refroidissement ;

Cet autre fait que, dans la floraison, dans la durée des fleurs, dans la fécondation, dans le développement du fruit, tout est en rapport avec la quantité de combustion lente déterminée par la chaleur.

Chacun le sait, la floraison s'opère plus tôt dans les climats chauds que dans les climats froids, les années chaudes que les années froides, en serre chaude qu'en plein air. La température vient-elle à s'abaisser aux approches de la floraison : alors, suivant le degré d'abaissement. ou l'épanouissement ne s'opère pas ; ou il s'opère, mais la fécondation n'a pas lieu ; ou bien elle a lieu, mais les fruits n'arrivent pas à maturité.

Au contraire, jusqu'à une certaine limite, toute chaleur supérieure à celle qui est exigée pour le développement de la fleur accélère la floraison et la maturité.

En sorte que les fleurs, qui, comme les graines et les racines, ne décomposent point l'acide carbonique, et ne respirent que par l'oxygène pris directement à l'atmosphère ou à l'eau qui le tenait en dissolution, parcourent évidemment les différentes phases de leur vie d'autant plus vite, ont une durée d'autant plus courte, que l'élévation de température leur permet une consommation d'oxygène plus abondante.

C'est donc un fait que, d'une manière générale, il existe un rapport constant entre la quantité de vie et de mouvement des plantes et la quantité de combustion excitée en elles par le degré de la température extérieure.

C'est un fait aussi, d'après ce qui a été montré plus haut, que, soit qu'on la considère sous l'influence des agents protecteurs contre la combustion lente, soit qu'on la considère dans des conditions où cette combustion varie par suite d'une diminution dans la proportion d'oxygène, les variations dans la quantité de vie se maintiennent toujours en rapport avec la quantité de combustion.

Voici dès lors, en ce qui concerne le rôle de l'oxygène dans la vie des végétaux, les résultats essentiels qui me semblent maintenant constatés :

D'une part, la combustion par l'oxygène humide est indispensable à la vie du végétal entier, à celle de chacune de ses parties ; elle s'opère à la lumière comme à l'obscurité, elle est le seul acte véritablement respiratoire ;

D'autre part, tant aux mêmes températures qu'à des

températures différentes, dans toutes les circonstances où il est possible de comparer entre elles la combustion et la vie des végétaux, l'oxygène humide détermine en eux une quantité de vie qui croît avec la quantité de combustion.

En sorte que la combustion *se montre toujours* et de plus en plus comme *le principe de la vie dans les végétaux*, ainsi qu'elle s'était manifestée comme le principe de la vie dans les animaux, comme la cause essentielle et *constamment nécessaire* de la putréfaction dans toutes les matières organisées mortes et de l'activité des divers ferments [1].

II.

Pourquoi, bien que toujours agent de combustion lente, l'oxygène humide joue un rôle si différent pendant la vie et après la mort.

Pendant la vie de l'animal, pendant celle du végétal, la combustion s'opère sur des parties qui se renouvellent, et, par suite, qui offrent à son action un aliment toujours nouveau, toujours suffisant; ces parties protégent le reste de l'organisme contre la combustion qui l'atteindrait bientôt. Alors, la combustion est entièrement bienfaisante : la chaleur, l'électricité ou le fluide nerveux qui en résulte devient l'agent qui met en jeu la machine organisée, la force qui l'anime, le principe de sa vie.

Rapprochons maintenant ce rôle de l'oxygène pendant la vie, de celui qu'il joue dans le règne organique après la mort.

Après la mort, et dès que la température est suffisante, l'oxygène humide exerce, comme pendant la vie, son action comburante et sur les matières animales et sur les ma-

____

(1) Voir mes recherches sur la putréfaction et les fermentations.

tières végétales. Mais outre que l'activité de la combustion n'est pas la même dans l'un et dans l'autre cas, l'action s'opère après la mort sur des parties qui ne se renouvellent plus : la combustion, au lieu de rester limitée, envahit le mécanisme entier; elle en opère la désorganisation, la transformation générale qu'on nomme putréfaction.

Voilà comment, bien que toujours agent de combustion pendant la vie et après la mort, l'oxygène humide produit, à chacun de ces états, des effets si différents : principe de vie dans le premier cas, il est agent de désorganisation générale dans le second.

Les deux actions présentent néanmoins plus d'analogie qu'il ne le semblerait d'abord : toutes deux concourent à la vie dans le règne organique.

Par la mort, le mécanisme était devenu inerte; la combustion lente que l'oxygène humide lui fait éprouver transforme ses éléments en matériaux propres à servir d'aliment à la vie, à en revêtir de nouveau l'activité. De là naissent l'humus, les matières ammoniacales, l'acide carbonique et une partie de la chaleur nécessaires à l'existence des végétaux.

Agent essentiel à la vie, l'oxygène est aussi l'agent qui, par une éternelle métempsycose, rend à la vie les matériaux momentanément abandonnés à la mort.

III.

CAUSE ESSENTIELLE DE L'INFLUENCE EXERCÉE PAR LA CHALEUR DANS LES VÉGÉTAUX ET DANS LA STATIQUE DES ENGRAIS.

Les faits qui précèdent ne manifestent pas seulement quelle est la cause de la vie dans les êtres organisés; ils dévoilent encore le rôle si important joué par la chaleur dans l'éternelle transformation qu'ils éprouvent, dans la rotation perpétuelle des éléments qui les constituent, et, en particulier, dans la naissance et l'intensité de la vie des végétaux.

§ 1. — Cause essentielle de l'influence exercée par la chaleur dans la naissance et l'intensité de la vie des végétaux.

Animaux ou végétaux, tous les germes, tous les êtres organisés sont inertes quand ils ne subissent pas l'action de l'oxygène humide.

Sans l'intervention de la combustion lente exercée par ce gaz, la chaleur, quelle qu'en soit l'intensité, est par elle-même impuissante pour déterminer la moindre manifestation de vie dans les végétaux comme dans les animaux.

Après la mort, sans l'intervention incessante de la même combustion, la chaleur des températures ordinaires est impuissante pour déterminer la putréfaction et l'activité des ferments.

Pendant la vie des végétaux, comme pendant celle des animaux à sang froid, quand la chaleur ne varie pas au point de solidifier les liquides ou d'opérer le desséchement des solides, elle n'a d'influence sur la quantité de vie que dans les circonstances où, l'oxygène humide intervenant, elle lui permet d'opérer une quantité de combustion qui varie avec le degré de la température extérieure. Alors, mais alors seulement, la quantité de vie est. toutes choses égales, proportionnelle à la quantité de chaleur.

Après la mort, la chaleur n'a d'influence sur l'intensité de la putréfaction et des fermentations que dans les circonstances où, l'oxygène humide intervenant, elle lui permet d'opérer une quantité de combustion qui varie avec le degré de température. Alors, mais alors seulement, la quantité de putréfaction et l'activité des ferments sont, toutes choses égales, en proportion avec la quantité de chaleur.

Enfin, d'après ce que je viens de montrer pour les végétaux, d'après ce que je crois avoir montré ailleurs pour les animaux, pour la putréfaction et pour les ferments, la température extérieure restant constante, la combustion, toujours indispensable pour faire naître la vie, la putréfaction et les fermentations, suffit encore pour que ses variations apportent des variations correspondantes dans l'intensité de la vie, et, après la mort, dans celle de la putréfaction et des fermentations.

En résumé, tandis que, sans le concours de la combustion lente exercée par l'oxygène humide, aucune chaleur ne saurait déterminer la moindre manifestation de vie dans les végétaux comme dans les animaux, ni exciter la moindre fermentation putride ou autre; cette combustion, tout au contraire, fait naître et entretient la vie dans tous les êtres organisés, elle est après la mort le principe de la putréfaction, de toute fermentation. Vie, putréfaction et fermentations ont une activité qui lui est subordonnée. Que conclure de là, sinon que, *inerte par elle-même, ou ne jouant qu'un rôle secondaire, la chaleur des températures ordinaires tient essentiellement sa puissance sur la végétation comme sur les fermentations de ce que, régissant l'action de l'oxygène humide, c'est-elle qui permet à ce gaz de faire naître et de produire avec plus ou moins d'intensité la combustion lente nécessaire à la naissance comme à l'entretien de la vie, à la naissance comme à l'entretien des fermentations, et déterminant le degré d'activité des phénomènes qui s'opèrent pendant leur durée?*

Ce résultat accepté, l'influence *jusqu'ici mystérieuse* de la chaleur dans la végétation devra maintenant se traduire comme il suit :

Pour la germination de ses graines, pour l'évolution de

chacun de ses organes, pour sa fécondation, la maturation de son fruit et de sa graine, pour l'exercice complet de toutes les fonctions de sa vie, il faut à chaque espèce une quantité particulière de *combustion lente* qui, dans l'ordre naturel, est excitée par une quantité particulière de chaleur atmosphérique et dès lors lui correspond.

A partir du degré de chaleur atmosphérique où s'effectue naturellement la combustion suffisante pour qu'ait lieu la manifestation de tous les phénomènes de la vie, ces phénomènes sont accélérés si la température s'élève davantage; si, au contraire, c'est le froid qui augmente, *la quantité de combustion lente diminue* et entraîne une diminution correspondante dans la vitalité.

Pour un certain degré de froid, *pour une certaine diminution de combustion,* certains de ces phénomènes ne se produisent plus, bien que la vie continue. Pour un degré de froid plus considérable, *pour une diminution plus considérable de la combustion lente,* le végétal devient plus ou moins léthargique ou même perd complétement la vie.

Telle est la cause pour laquelle, toutes choses égales, la végétation des pays où l'hiver fait sentir son influence suit la marche de la température extérieure.

Dans les conditions ordinaires, pour subir *la quantité de combustion* nécessaire à la germination de leurs graines, à l'évolution de leurs différents organes, à leur fécondation, à la maturation de leurs fruits et de leurs graines, *les végétaux des pays chauds exigent plus de chaleur que ceux des pays froids.*

Par le transport dans un pays plus froid que celui dont ils sont originaires, ces végétaux *subissent dans leur combustion lente* une diminution générale qui détermine une diminution correspondante dans leur vitalité générale.

A certains degrés d'abaissement de la température extérieure, *la combustion lente, bien que diminuée, suffit encore*

pour entretenir leur vie ; mais la vitalité de certains organes, de ceux particulièrement qui n'ont qu'un seul mode
de respiration, est devenue trop faible pour que certaines
fonctions puissent s'exécuter : ou la floraison ne s'opère
plus, ou la fécondation n'a pas lieu, ou bien elle a lieu
encore, mais le fruit et sa graine ne parviennent pas à
mûrir.

De là particulièrement la stérilité des espèces des pays
chauds qu'on transporte dans les pays froids.

A un degré de froid plus grand, *bien qu'inférieur à
celui de la congélation,* la combustion lente a tellement
diminué dans les plantes des pays chauds, la diminution
a entraîné une vitalité tellement languissante, qu'elles meurent même dans les orangeries où il ne gèle jamais.

N'ayant plus alors qu'une toute petite quantité de vie,
elles sont devenues incapables de résister aux influences les
plus faibles, et d'ailleurs souvent la combustion lente, au
lieu de correspondre au degré qui entretient la vie, détermine la putréfaction.

Enfin, en tout pays, la lumière et la chaleur doivent déterminer une somme de combustion à peu près égale pour
que les mêmes plantes parcourent le cycle compris entre le
commencement de leur végétation et leur maturité.

C'est ainsi que la chaleur doit à la combustion lente son
action principale, son action générale sur l'activité de la
vie des végétaux [1].

---

(1) J'ai dit : « Son action principale, son action générale. » Il est utile
peut-être de s'expliquer à cet égard.

Dans les *arbres* des climats froids, les bourgeons sont souvent recou-
verts d'un enduit visqueux, comme résineux (exemple, certains peu-
pliers), et leur axe est entouré d'une couche cotonneuse qui le garantit du
froid (exemple, beaucoup de saules). Dans les arbres des pays chauds, la
couche cotonneuse manque, en sorte que leur existence en pleine terre est
rendue difficile dans les pays froids. Le manque d'écailles extérieures
concourt puissamment au même résultat. Linné, qui avait compris l'impor-

§2. Rôle que, par l'intermède de l'oxygène humide, la chaleur joue dans la statique des engrais.

Par son influence sur la combustion lente, la chaleur joue dans la végétation un rôle plus étendu encore : présidant à la statique des engrais, elle met en rapport les conditions de l'alimentation des végétaux et leur quantité de vie.

Tout se tient dans les phénomènes de la vie et dans ceux de la nature. A mesure que les variations dans la chaleur

tance du fait, appelait les écailles *hibernacula* ou logements d'hiver. Mais tout cela n'est que secondaire quand on considère l'ensemble des végétaux.

Suivant qu'elle s'élève ou qu'elle s'abaisse, la chaleur détermine, toutes choses égales, une évaporation, une transpiration plus ou moins abondantes, et par là une circulation, un accroissement, une évolution plus ou moins rapides. Dans cette fonction, elle est aidée, elle est suppléée par la saturation plus ou moins prononcée de l'air environnant, par le renouvellement plus ou moins rapide des couches de ce gaz. Ce mode d'action de la chaleur est compris, je n'avais pas à m'en occuper. Bien que d'une grande importance, d'une importance telle que des esprits préoccupés ont pu le prendre pour le mode d'action général, il n'est pourtant aussi que secondaire, subordonné à celui dont je donne l'explication, et nullement général.

Produisons par une autre cause, par un air sec et renouvelé, je suppose, l'évaporation que la chaleur déterminait dans un végétal, et abaissons la température au-dessous de 7° à 8°, les phénomènes vitaux se tiendront-ils en rapport avec la quantité initiale de l'évaporation ? Non, sans doute. L'évaporation a-t-elle lieu chez les végétaux qui vivent dans un air saturé ? A-t-elle lieu dans les plantes qui vivent immergées dans l'eau ? Non encore. Et pourtant l'activité de ces plantes, comme celle des autres végétaux, se maintient, toutes choses égales, en rapport avec le degré de chaleur. Il y a donc une influence de la chaleur, bien autrement importante que celle qu'elle exerce sur l'évaporation, s'étendant à tous les végétaux, quelle que soit leur habitation, et régissant tous les phénomènes de leur vie. C'est cette influence, jusqu'ici restée sans explication, qui provient, suivant moi, du degré d'activité que la chaleur imprime aux phénomènes de combustion lente.

(1) Cloëz et Gratiolet. (*Compte rendu de l'Académie des sciences,* t. XXXI, p. 627, année 1850).

extérieure déterminent des variations correspondantes dans la quantité de combustion qui s'opère dans les végétaux, partant dans la quantité de leur vie, elle fait varier dans le même rapport les facilités de leur alimentation, et concourt ainsi à l'une des belles harmonies de la nature.

Lorsque, par suite de l'abaissement de la température extérieure, le ralentissement de la combustion lente ralentit la quantité de vie dans les végétaux, et parfois les amène à l'état léthargique, le même ralentissement de la combustion lente se produit et dans l'altération des matières organisées mortes, c'est-à-dire dans la production des maté riaux utiles à l'alimentation fournie par les engrais, et dans cet autre mode d'alimentation, la décomposition d'acide carbonique sous l'influence de la lumière. (1er Mémoire.)

A mesure que l'élévation de température, facilitant la combustion lente dans le végétal, y fait renaître la vie, et en augmente graduellement l'activité, la même cause détermine, d'un côté, la combustion plus active des engrais, la production plus abondante des matériaux qu'ils fournis à l'alimentation des végétaux ; d'un autre côté, la décomposition graduellement plus facile de l'acide carbonique sous l'influence de la lumière, dès lors l'influence croissante du mode important d'alimentation dont cette décomposition est la source.

Les engrais restent en réserve dans le sol, l'acide carbonique reste en réserve dans l'atmosphère quand le peu d'activité de la vie du végétal ne lui permettrait pas de les utiliser ; ils se consomment dès qu'ils peuvent être utiles à la vie, et leur consommation augmente avec les besoins qu'en éprouve son degré d'activité.

Ce qui est vrai pour le rapport entre les facilités immédiates de l'alimentation et l'intensité de la vie, est vrai aussi pour la reproduction des aliments eux-mêmes.

Par l'influence de la chaleur sur la combustion lente, ils

se reproduisent à mesure qu'ils se consomment, et la **repro-**
duction suit les besoins de la consommation.

Quand la chaleur détermine la consommation croissante
des engrais, et, par cette consommation, l'alimentation
plus abondante des végétaux, elle augmente la production
des engrais par la vie qu'elle fait naître et dont elle hâte le
terme, c'est-à-dire par la masse de matière organisée qu'elle
conduit plus rapidement à la mort. En dernier résultat, en
effet, plus naissent d'êtres organisés, plus leur vie s'accom-
plit rapidement, plus aussi se forment de matières qui se
convertissent en engrais, et plus à leur tour les engrais marchent promptement au terme où ils remplissent leur rôle
en servant à l'alimentation des végétaux. (Je reviendrai **sur**
ce sujet dans un autre Mémoire.)

Quand la chaleur détermine, dans les parties vertes des
végétaux, la décomposition croissante d'acide carbonique,
elle détermine sa production croissante par l'augmentation
d'activité qu'elle communique aux combustions lentes qui
s'effectuent : pendant la vie, dans les végétaux et les animaux à sang froid ; après la mort, dans toutes les matières
organisées.

Enfin, par l'influence de la chaleur sur la combustion
lente, les besoins de l'alimentation, chez les animaux, sont
mis en rapport avec la quantité de l'aliment que peuvent
leur fournir les végétaux. Le froid, qui fait disparaître les
feuilles, les fleurs, et nombre de plantes, amène à l'état léthargique, ou laisse hiverner à l'état d'œufs, nombre d'animaux que directement ou indirectement les plantes faisaient
vivre. La chaleur, qui, par son influence sur la combustion
lente, rend à l'activité les animaux à sang froid léthargi-
ques, et donne la vie aux germes contenus dans les œufs,
fait renaître les végétaux, les feuilles et les fleurs qui, plus
ou moins directement, servent d'aliment à ces animaux.
En dernier résultat, *par l'intermédiaire de l'oxygène hu-*

mide, *et comme agent directeur des combustions lentes ef-fectuées par ce gaz*, la chaleur joue un double rôle dans la végétation : elle fait naître la vie et en détermine la quantité; elle fait naître l'aliment nécessaire pour soutenir la vie, et proportionne les facilités de l'alimentation à la quantité de vie.

IV.

APPLICATIONS QUI RÉSULTENT DE LA DÉCOUVERTE DU ROLE EXERCÉ PAR LA CHALEUR ET PAR L'OXYGÈNE HUMIDE DANS LA VÉGÉTATION.

Si capitale relativement aux modifications importantes qu'elle détermine dans tous les phénomènes de la vie, constatée avec tant de soin et par des observations si générales, mais *demeurée si complétement inconnue quant à son mode d'action*, l'influence de la chaleur dans la végétation aurait donc maintenant son explication réellement scientifique, partant capable de rendre compte de l'ensemble des effets produits et de les faire prévoir.

A cette explication, la science n'aurait-elle gagné qu'une satisfaction de l'intelligence?

Je suis loin de le penser. La nouvelle manière de voir sera, au contraire, si je ne m'abuse, un nouvel exemple montrant combien les conséquences qu'on déduit des lois sont différentes suivant que l'on connaît ou qu'on ignore la cause du fait général qu'elles expriment.

Le rôle essentiel de la chaleur dans la végétation se réduisant à celui d'agent directeur de la combustion lente, tout porte à croire que, par un emploi intelligent des substances capables d'activer ou de modérer la combustion dans les matières organisées, c'est-à-dire par des moyens chimiques toujours à la disposition de l'homme, il sera possible de remplacer, dans certaines limites, l'influence naturelle qu'exerce dans la végétation la chaleur, cette force aveugle dont la direction n'appartient qu'à la nature.

Dans un Mémoire que j'aurai l'honneur de présenter à l'Académie si ces études lui semblent mériter quelque intérêt, j'espère, par une saine interprétation des faits acquis et par des expériences actuellement en voie d'exécution, pouvoir montrer qu'il en est réellement ainsi :

Que le plâtre, par exemple, doit en partie son action *stimulante* sur la végétation au sulfure de calcium auquel il donne naissance, et qui, pour les engrais comme pour les végétaux eux-mêmes, peut devenir un stimulant de la combustion lente;

Que les sulfates alcalins, celui de soude particulierement, auront dans beaucoup de cas une action analogue;

Que les foies de soufre, de soude et de chaux, le sulfhydrate d'ammoniaque, les sulfites solubles, spécialement celui d'ammoniaque, jouiront d'avantages particuliers;

Que, toutes choses égales, ceux de ces combustibles qui pourront en même temps fournir au végétal certains de leurs éléments, seront par cela même préférables;

Que l'action stimulante du sulfure et du sulfate de fer employés en faible proportion rentre dans le même ordre de faits;

Que le perfectionnement des modes d'introduction de l'oxygène dans les terres est de la plus grande importance pour l'agriculture;

Qu'enfin la combustion lente des engrais sous l'influence d'agents chimiques excitateurs, celle en outre des matières contenues dans la séve des végétaux, la concentration de la chaleur dans les terres par des substances minérales capables de l'absorber facilement, sont des moyens de calorification qu'il conviendra de faire concourir à suppléer dans certaines limites l'influence naturelle de la chaleur atmosphérique, influence qui, elle aussi, s'exerce en même temps sur les végétaux vivants, sur les terres et sur leurs engrais.

En un mot, si je ne me laisse pas induire en erreur, la découverte de ces principes :

La vie de tous les êtres organisés naît de la combustion lente et se tient en rapport avec elle ;

La chaleur n'exerce son influence générale sur la végétation, sur les engrais et sur la vie des animaux, qu'en régissant les phénomènes de combustion lente opérés par l'oxygène humide ;

ne sera pas seulement le point de départ d'une transformation considérable dans les notions physiologiques relatives aux animaux et aux végétaux, d'une réforme importante en thérapeutique ; elle fera naître encore une nouvelle branche de culture pour les végétaux, celle qui aura pour but de remplacer autant que possible, par des agents chimiques tantôt modérateurs tantôt excitateurs de la combustion lente effectuée par l'oxygène humide, le rôle tantôt modérateur tantôt excitateur que, par l'intermède de la même combustion, la chaleur atmosphérique exerce dans la végétation comme dans la vie des animaux.

TROISIÈME MÉMOIRE.

(Il a été présenté à l'Académie des sciences le 25 août 1851.)

Commissaires : MM. Magendie, Payen, Gaudichaud.

STATIQUE DE L'OXYGÉNE ATMOSPHÉRIQUE ET DE LA CHALEUR A L'ÉTAT DE LIBERTÉ.

Éléments nouveaux qu'il conviendrait de faire intervenir dans l'étude de la statique du gaz oxygène atmosphérique. Comment ce gaz. dont l'immense pouvoir sur le règne organique est, dans les circonstances ordinaires, complétement soumis à l'influence de la chaleur, devient à son tour une source de chaleur concourant à la statique du calorique en liberté.

I.

STATIQUE DE L'OXYGÈNE ATMOSPHÉRIQUE.

Depuis Senebier, auquel est due la découverte de la production d'oxygène par la décomposition que les parties vertes des végétaux font éprouver à l'acide carbonique, la statique de l'oxygène atmosphérique a été l'objet de travaux impor-

tants publiés par M. Liebig[1], par MM. Dumas et Boussingault[2] et par M. Morren[3]; néanmoins la matière offre encore d'utiles sujets de recherche.

La combustion lente que l'oxygène humide fait subir aux
matières organisées, tant animales que végétales, ne me
semble pas avoir été considérée dans toute sa généralité sous
le point de vue de la respiration des êtres organisés.

A certains égards, les éléments qu'on a fait concourir
à la statique de l'oxygène dans l'atmosphère ont dès lors
toujours été insuffisants; on n'a, d'ailleurs, jamais fait intervenir dans ce problème l'élément qui, suivant moi, exerce
le plus d'influence sur la répartition, partout constamment
uniforme, de l'oxygène reproduit en proportion très inégale
dans les différents climats.

§ 1. — Consommation d'oxygène. — Comment elle est influencée par
la chaleur.

On s'est représenté l'oxygène humide comme pénétrant
pendant la vie dans le sang des animaux, alimentant leur
chaleur par la combustion qu'il opère, sortant chargé de
carbone puisé dans le sang, c'est-à-dire à l'état d'acide carbonique; pénétrant, à ce nouvel état, dans les végétaux; leur
cédant, pour aider à leur consistance, le carbone qu'il avait
été puiser dans le sang des animaux, et, devenu libre de
nouveau, commençant de nouveau et indéfiniment le
même rôle, sans que désormais sa quantité ait à changer
dans l'atmosphère.

Ce rôle, tout considérable qu'il est, ne montre que d'une

(1) Voir la belle introduction de son *Traité de chimie organique*, p. **74**.
(2) *Compte rendu de l'Académie des sciences*, t. XII, p. 105 et suiv.,
année **1841**, et *Statique des êtres organisés*, p. 17.
(3) *Annales de chimie et de physique*, 3e série, t. 1, p. 156.

manière très incomplète celui que l'oxygène remplit dans les êtres organisés.

Contrairement à ce qu'on admet, il n'existe point d'opposition entre la respiration d'oxygène dans les végétaux et dans les animaux. La combustion que ce gaz excite est nécessaire pour animer les êtres de l'une comme de l'autre série; dans l'une comme dans l'autre, elle s'effectue en tout temps, dès que la température est suffisante; elle s'étend, d'ailleurs, sur les matières organisées mortes comme sur les matières organisées vivantes. (Voir les Mémoires précédents.) La consommation d'oxygène devient ainsi en chaque lieu beaucoup plus grande qu'on ne l'admettait; elle est, en outre, puissamment modifiée par le degré de chaleur.

Quant à la quantité de combustion qu'ils subissent pendant la vie, et aux variations que présente en eux la consommation d'oxygène sous l'influence des variations dans le degré de chaleur extérieure, les êtres organisés sont de deux classes : êtres organisés subissant en tout temps assez de combustion pour que leur température soit à peu près constante malgré les variations extérieures de la chaleur; êtres organisés subissant peu de combustion dans un temps donné, et par suite ayant une température qui varie avec celle du milieu environnant. Les mammifères et les oiseaux forment seuls la première classe; la seconde comprend tous les êtres organisés vivants, animaux et végétaux.

Aux matières organisées de la seconde classe, dont la température est variable pendant la vie, il faut ajouter toutes les matières organisées animales ou végétales à l'état de mort.

Vivante ou morte, animale ou végétale, la matière organisée est donc à température variable, c'est-à-dire obligée de consommer une quantité d'oxygène qui augmente ou diminue suivant que la température extérieure augmente ou diminue, obligée par suite de produire une quantité de de chaleur qui augmente avec la température et diminue avec elle. Il n'y a d'exception que pour le petit groupe de matières organisées constituant les mammifères et les oiseaux ; et encore, même parmi ces êtres organisés, il en est quelques-uns à température variable : les mammifères hibernants.

Telle est la consommation générale d'oxygène ; tels sont les changements généraux qu'elle subit sous l'influence du degré de chaleur.

§ 2. **Reproduction de l'oxygène.** — Comment elle est influencée par la chaleur.

Que la température de la matière organisée, vivante ou morte, soit ou ne soit pas variable, sa combustion lente par l'oxygène humide, dans chaque lieu et dans tous les lieux, nécessite une énorme consommation de ce gaz qu'elle transforme en acide carbonique surtout. *Comment et dans quelle étendue s'opère la reproduction ?*

On le sait, la matière verte, seule pour ainsi dire, est capable de l'effectuer [1]. Cette matière n'existe souvent, pour la plus grande part, que pendant une portion de l'année ; elle est inerte dans l'obscurité, conséquemment pendant la nuit, et ce n'est, pendant le jour, que dans des conditions qui sont loin d'être toujours réunies qu'elle fonctionne de manière à fournir de l'oxygène à l'atmosphère.

A l'ombre par exemple, surtout pendant les jours sombres, la décomposition d'acide carbonique est si faible, qu'elle se trouve généralement insuffisante pour reproduire tout l'oxygène alors consommé dans la combustion lente du végétal. Loin de fournir de l'oxygène à l'atmosphère, elle lui en laisse prendre.

---

(1) Voir (1er Mémoire) la note concernant les recherches de M. Morren.

Il est vrai que la décomposition reçoit au soleil une activité qui, en général, croît rapidement avec l'intensité de la lumière, au point que les parties vertes deviennent pour l'atmosphère des sources abondantes d'oxygène (voir le 1er Mémoire) ; mais, à ce fait encore, il existe des exceptions. Dans toutes les plantes, quelle que soit l'intensité de la lumière, les tiges ligneuses défeuillées transforment plus d'oxygène de l'atmosphère en acide carbonique que d'acide carbonique en oxygène ; en toute circonstance dès lors, elles vicient plus ou moins leur atmosphère. (Théod. de Saussure, *Recherches sur la végétation*, p. 115.) Il existe des plantes entières qui, bien que décomposant l'acide carbonique au soleil, n'opèrent jamais cette décomposition en assez grande quantité pour fournir de l'oxygène à l'atmosphère, mais qui, tout au contraire, exhalent de l'acide carbonique même au soleil ; tels sont l'euphorbe, le péplos, l'ortie, l'endive, etc.

§ 3. Mécanisme par lequel la production d'oxygène peut arriver facilement à compenser la consommation produite en chaque climat.

Les faits ainsi établis, cherchons sous quelles influences la matière verte, cette source d'oxygène à peu près unique, et d'une intensité si variable dans un même climat, parvient à entretenir, en toute saison et dans chaque climat, une proportion d'oxygène restant à peu près constante.

Sans doute, comme on l'a fort bien vu, l'air franchit rapidement des distances considérables ; sans doute la végétation des parties vertes n'abandonne jamais la surface entière de la terre, et avec elle fonctionne toujours l'appareil reproducteur de l'oxygène consommé ; mais ce n'est pas tout : un autre élément du problème, élément jusqu'ici négligé, me paraît avoir une influence majeure sur la stabilité de la proportion d'oxygène dans chaque lieu. Cet élé-

ment, le voici. Par suite du mode d'action de la chaleur
sur les combustions générales, d'un côté, *la consommation
d'oxygène diminue en même temps que la production;* d'un
autre côté, *la consommation ne saurait augmenter sans que,
par cela même, la production n'augmente.*

Dans les climats où il existe un hiver d'une intensité suffisante et très distinct de l'été, à mesure que tombent les
feuilles arrivées par suite de vieillesse au terme de leur vie,
à mesure que l'abaissement de température enlève plus ou
moins complétement à la terre l'immense tapis de verdure
qui en parait la surface, et avec lui la source de reproduction
de l'oxygène, le développement ne s'arrête dans la plupart
des végétaux, la verdure ne disparaît plus ou moins de la surface de la terre que précisément parce que, la température
s'étant abaissée en eux avec celle du milieu environnant,
l'oxygène a produit une combustion décroissante, et en est
enfin arrivé à ne plus communiquer assez de vie pour déterminer le développement des parties nouvelles; en sorte que
la consommation moindre précède la moindre production.
Et cette consommation moindre n'a pas lieu que dans les
végétaux : elle a lieu aussi, comme je l'ai dit, et dans les
animaux à sang froid et dans toutes les matières organisées
mortes, c'est-à-dire dans toutes les matières organisées
mortes ou vivantes, à l'exception des animaux à sang chaud
non hibernants, où elle subit une augmentation.

Au printemps et pendant toute la saison chaude, à mesure que la température extérieure s'élève, la combustion,
la consommation d'oxygène dans toutes les matières organisées, mortes ou vivantes, autres que les animaux à sang
chaud, renaît là où elle avait cessé, et partout s'opère avec
une intensité qui croît avec le degré de chaleur. Alors aussi,
outre que la consommation diminue dans les animaux à
sang chaud non hibernants, l'activité donnée par l'élévation
de température à la combustion lente dans les végétaux

leur communique assez de vie pour que le développement d'innombrables graines, celui des innombrables bourgeons des plantes qui ont résisté à l'hiver rende à la terre son immense tapis de verdure, appareil d'une immense production d'oxygène, et d'une production qui croît avec la température [1], partant avec la consommation effectuée.

Un pays est-il constamment froid : la consommation générale d'oxygène est constamment faible, excepté dans le groupe des animaux à sang chaud non hibernants. Il en est aussi constamment de même de la production.

Un pays est-il constamment chaud, est-il situé, par exemple, sous l'équateur ou entre les tropiques : la combustion des matières organisées est constamment très abondante dans les lieux ou règne une humidité suffisante; en tout temps aussi, dans les mêmes lieux, la reproduction d'oxygène s'opère avec une abondance proportionnelle.

Dans ces pays constamment chauds, il est des régions où la sécheresse détermine dans la végétation un arrêt analogue à celui qui s'opère pendant nos hivers ; c'est ce qui a lieu dans ces bois du Brésil qu'on y désigne sous le nom de *catingas*, dans les campos du même pays, dans les pampas du Paraguay, dans les llanos de l'Orénoque, etc. La sécheresse, qui produit ces effets en ralentissant l'alimentation et la combustion lente des végétaux en état de vie, et qui par là s'oppose à la production d'oxygène, s'oppose en même temps à la combustion lente et dans les végétaux morts et dans toutes les matières organisées mortes, et, pendant la vie, dans nombre d'animaux à sang froid, animaux chez lesquels son action détermine, comme dans les végétaux, un état de torpeur analogue à l'hibernation.

Enfin, dans les pays constamment chauds, s'il est des

______

(1) Ingen-Housz, Senebier, Théod. de Saussure, MM. Cloëz et Gratiolet (*Compte rendu de l'Acad. des sciences*, t. XXXI, p. 627, année 1850).

régions impropres à la végétation, et par suite ne produisant pas d'oxygène, ces régions, impropres à la production de ce gaz, sont par cela même impropres à sa consommation. La végétation n'ayant pas lieu, la matière végétale ne consomme pas d'oxygène à l'état de vie ; les végétaux, ne vivant pas, ne produisent pas de matière végétale morte, car c'est la vie qui alimente la mort ; la matière végétale morte, ne se produisant pas, ne consomme pas d'oxygène à cet état. D'ailleurs, les végétaux manquant à l'état de vie et à l'état de mort, les animaux qu'ils nourrissent manquent également à l'état de vie, par suite à l'état de mort, et dès lors ne consomment d'oxygène ni à l'un ni à l'autre état. Il est donc vrai que, dans les pays chauds comme dans les pays froids, la non-production d'oxygène entraine la non-consommation de ce gaz.

En chaque climat, en chaque saison, en chaque contrée, tout est donc constamment disposé à la surface de la terre pour que la production et la consommation marchent inévitablement dans le même sens.

Chaque climat se suffit donc jusqu'à un certain point à lui-même, et ces grands courants atmosphériques qu'on avait seuls fait intervenir pour répartir uniformément l'oxygène en chaque lieu, ne sont peut-être indispensables nulle part ; du moins ils n'ont certainement nulle part l'importance qu'on leur avait attribuée.

En résumé, dans le problème relatif à la statique de l'oxygène atmosphérique, on a négligé, ce me semble, quelques-unes des données essentielles à une complète solution.

Relativement à la consommation d'oxygène qui s'effectue, on n'a guère considéré que la combustion opérée *pendant la vie* dans la respiration des animaux. Ce n'est là qu'une partie assez minime de l'immense combustion que l'oxygène produit dans la nature. Dès que la température est suffisante, ce gaz étend son action comburante sur les végétaux comme sur les animaux ; l'action s'exerce en toute circonstance, non-seulement pendant la vie, mais encore après la mort. Elle anime le mécanisme pendant la vie, elle produit après la mort la transformation qu'on nomme *putréfaction*, et par là elle rend les dépouilles de la mort propres à revêtir de nouveau les formes de la vie.

Relativement au fait de l'entretien, en tout climat et en chaque lieu, d'une proportion d'oxygène qui reste sensiblement constante malgré l'immense consommation, on a trouvé, dans la décomposition d'acide carbonique opérée au soleil par les parties vertes, une source d'oxygène venant compenser la dépense produite. C'est là, sans doute, le point capital ; mais ce n'est pas tout. La terre se partage en deux grandes parts : région où l'hiver est suffisamment rigoureux pour que, avec les parties vertes des végétaux, disparaisse et reparaisse en énorme proportion, et pendant des parties considérables de l'année, la production d'oxygène; régions où la température est toujours assez élevée pour que les matières vertes, toujours développées, toujours actives, restent toujours d'abondantes sources d'oxygène, accompagnant toujours la consommation.

Comment, dans de telles conditions, obtenir en chaque climat, en chaque lieu, une proportion d'oxygène sensiblement constante? Cette question me paraît avoir été négligée.

La répartition par les grands mouvements atmosphériques présente en elle-même, sous plus d'un rapport, quelque chose d'arbitraire. Si on leur a concédé un tel rôle, c'est parce qu'*on n'a pas examiné l'influence remarquable que le degré de chaleur exerce en chaque lieu sur la consommation générale de l'oxygène atmosphérique.*

En chaque climat, en chaque lieu, quand l'abaissement de température diminue ou arrête la production d'oxygène, la même cause diminue ou arrête la consommation générale que ce gaz éprouve dans les combustions naturelles. Quand l'élévation de température détermine la production et la rend de plus en plus abondante, elle contraint l'oxygène à se dépenser dans les combustions naturelles et rend de plus en plus abondante la consommation effectuée. Soumises ainsi à une même influence, celle de la chaleur, la production et la consommation s'opèrent, on le voit, de telle façon qu'en tout climat, en chaque lieu, la production augmente avec la consommation et diminue avec elle, de manière qu'*en tout climat, en toute saison*, chaque contrée paraît toujours se suffire à elle-même.

Quoi qu'il en soit, par ce mécanisme, les variations dans la proportion d'oxygène sont rendues tellement lentes, que les mouvements atmosphériques peuvent aisément parvenir à entretenir partout et en toute circonstance une proportion de ce gaz sensiblement constante.

II.

STATIQUE DE LA CHALEUR ATMOSPHÉRIQUE.

Quant à la chaleur atmosphérique, qui tient sous sa dépendance l'action de l'oxygène humide, elle trouve à son tour dans les combustions déterminées par ce gaz une cause de stabilité. Plus est faible cette chaleur, moins aussi elle excite de combustion et moins elle se reproduit; plus est forte la chaleur, plus elle excite de combustion et plus elle se produit en grande quantité.

Dans ces Mémoires sur la respiration des végétaux, dans mon Mémoire sur le rôle de l'oxygène chez les animaux vivants, j'ai dit quelle est, suivant moi, la cause de la vie dans les animaux et dans les végétaux. Je dirai, dans un prochain travail, quelle me paraît être la cause de la mort naturelle dans les animaux.

DOCUMENTS.

Quelques savants ont cité **M.** Garreau comme ayant pris part à la découverte de la nouvelle théorie de la respiration des végétaux. Ces savants ont été induits en erreur.

Avant que j'eusse remis à l'Académie des sciences les trois Mémoires qui précèdent, **M.** Garreau avait, il est vrai, fait un travail sur la respiration; mais ce travail ne contient ni faits nouveaux de quelque importance, ni théorie nouvelle. L'auteur y présente seulement, comme nouvelles et comme lui appartenant, des expériences qui ne sont que la reproduction et la confirmation d'expériences anciennes.

Du reste, afin que chacun puisse juger en connaissance de cause, je prends, dans le *Compte rendu des séances de l'Académie des sciences* (t. XXXII, p. 298, séance du 25 février 1851), l'extrait que **M.** Garreau lui-même a fait de son travail.

De la respiration chez les plantes ; par **M. Garreau.**

(Extrait par l'auteur.)

Commissaires : **MM. de Jussieu, Gaudichaud, Boussingault.**

« Théod. de Saussure, qui, l'un des premiers, étudia avec quelque précision l'action qu'exercent les parties vertes des plantes sur l'air atmosphérique, plaçait d'abord celles qu'il soumettait à ses recherches dans une obscurité complète; il les exposait ensuite à l'action directe des rayons solaires. Il ne chercha pas à les étudier dans des conditions intermédiaires, et à suivre sous des expositions plus variées les gradations du *phénomène si remarquable de l'inspiration et de l'expiration des végétaux.* Cette omission, peu importante en apparence, lui déroba cependant la connaissance de *l'action que les feuilles exercent sur l'oxygène atmosphérique* PENDANT LE JOUR; car ces organes, pris *dans leur période d'accroissement, pendant les jours sombres et à l'ombre, diminuent leur atmosphère* en inspirant du gaz oxygène qu'ils transforment plus ou moins promptement, et en partie seulement, en gaz acide carbonique. »

[On l'a vu par mon 1er Mémoire (p. 7), cette assertion est complétement inexacte. De Saussure savait parfaitement que l'absorption d'oxygène est opérée par les feuilles *pendant le jour;* il avait même constaté qu'elle a lieu *sous l'influence de la lumière directe.*]

« Pour constater l'inspiration diurne exercée par les parties vertes des plantes, je me sers d'une allonge en cristal *de* 1000 *à* 2000 *centimètres cubes de capacité,* suivant le volume des organes à confiner dans l'appareil. Cette allonge reçoit un bouchon cannelé destiné à donner passage et à fixer le jeune rameau feuillé. Une capsule très évasée, contenant une solution de potasse hydratée destinée à la fixation de l'acide carbonique expiré, est placée à la naissance du col, qui est gradué, et plonge dans un flacon contenant de l'eau distillée; l'appareil est ensuite luté au lut résineux au point où le rameau et le bouchon s'engagent dans l'allonge. Le bouquet de feuilles se trouvant dès lors dans une atmosphère entièrement close, l'oxygène inspiré, et exhalé en partie sous forme d'acide carbonique que la potasse fixe bientôt, détermine l'ascension de l'eau dans le col gradué, qui donne, après les corrections de niveau, de température et de pression atmosphérique, la mesure du gaz absorbé. Cette méthode ne peut donner, il est vrai, la quantité absolue de l'oxygène inspiré, puisque l'acide expiré, qui doit le représenter en partie, n'est pas entièrement fixé par la potasse ; mais la quantité de cet acide qui échappe à son action est proportionnellement minime. Aussi ai-je cru pouvoir la négliger, *mon but, pour la première partie de ces recherches, étant uniquement de constater l'inspiration diurne de l'oxygène par les parties vertes des plantes.* »

[Le mode opératoire employé par M. Garreau est essentiellement celui qu'avaient employé dans leurs recherches sur le même sujet Senebier, Spallanzani et Théod. de Saussure. (Voir mon 1er Mémoire, p. 7.)]

« J'ai pu, à l'aide de ce moyen, constater que toutes les feuilles à l'ombre, mais principalement par les temps sombres et à une température de 16° à 20° et au delà, font des inspirations d'oxygène dont la moyenne varie pour chaque plante et suivant les âges, mais atteint en général le quart ou la moitié du volume de l'organe en huit ou dix heures. »

[L'absorption d'oxygène par les parties vertes *exposées à l'ombre* et à une température suffisamment élevée avait été reconnue par Ingen-Housz et Spallanzani. (Voir mon 1er Mémoire, p. 6.) Le rapport entre l'âge et la quantité d'absorption résulte des expériences de Senebier et de Saussure. (1er Mémoire, p. 6.)]

« J'ai constaté en outre, à l'aide d'un appareil particulier, que l'oxygène inspiré se transforme graduellement en acide carbonique qui est partiellement expiré, et trouvé, par la diminution de l'analyse de l'atmosphère où les feuilles ont respiré, qu'en général l'oxygène inspiré est à l'acide expiré comme 5 à 2, 4 à 5, 5 à 1, sauf les variations apportées par une *augmentation notable de température* et la décroissance marquée de la lumière ordinaire du jour. et qui, dans ce cas, augmentent la proportion d'acide expiré.

Les feuilles séparées de la plante donnent des résultats semblables à ceux qu'elles fournissent quand elles y restent fixées. J'ai pu dès lors les soumettre à des lumières décroissantes, depuis celle du jour sans nuage jusqu'à l'obscurité de la nuit, et les quantités d'acide expirées se sont montrées d'autant plus grandes que la lumière était plus faible. »

[Ce fait que, dans les plantes, la quantité de combustion varie avec la température, et se trouve d'autant moindre que la température est plus basse. avait été constaté par tous les fondateurs de la science. (Voir mon **2ᵐᵉ** Mémoire, p. 25.)

Quant au rapport inverse entre l'intensité de la lumière et les quantités d'acide carbonique expirées, il se trouve expliqué pages 5 et 6 de mon 1ᵉʳ Mémoire.]

« *En terminant la première partie de mes recherches*, j'avais obtenu des résultats négatifs; mais les faits en apparence contradictoires qui m'arrêtèrent me valurent la constatation de cet autre fait : que l'*abaissement* de la température, en paralysant les mouvements du fluide vital (la séve), diminue ou arrête l'expiration de l'acide carbonique. »

[D'après la nouvelle théorie, ce n'est pas en arrêtant le cours de la séve que l'abaissement de la température diminue ou arrête l'expiration d'acide carbonique. L'abaissement de température diminue ou arrête la *combustion lente*, et c'est la combustion lente diminuée ou arrêtée qui, diminuant ou anéantissant la vitalité, diminue ou arrête le cours de la séve en même temps que l'expiration d'acide carbonique.]

« Dans le Mémoire dont je donne ici une analyse succincte, j'ai eu l'occasion de citer les belles recherches de M. Dutrochet sur la chaleur des êtres vivants à basse température, et je me suis appliqué à démontrer que *la respiration des plantes a pour résultat final appréciable de déterminer la rotation et le transport de leur carbone en élevant leur température*. Cette rotation est sous la dépendance de la vie, car *elle cesse* avec cette dernière. Les recherches de Saussure, de M. Frémy, et celles qui me sont propres, donnent en effet, ce me semble, à ma manière de voir une grande apparence de vérité. »

[Tel est le travail qui a précédé l'envoi à l'Académie de mes recherches sur la respiration des plantes. Non-seulement, on le voit, M. Garreau n'y expose aucune théorie, mais il prend toutes les précautions pour montrer qu'à l'époque où il a fait ce Mémoire, il était fort loin de songer à une théorie nouvelle de la respiration.]

« Mon but, dit-il, *pour la première partie* de ces recherches, est uniquement de constater l'inspiration diurne de l'oxygène par les parties vertes des plantes. »

Malgré cela, « la *première partie des recherches* se finit » sans qu'il y ait un mot sur l'absorption d'oxygène par les parties vertes *sous l'influence de la lumière directe,* fait si important au point de vue de la respiration des végétaux.

Et, comme s'il craignait encore qu'on se trompât sur le but tout différent qu'il se proposait d'atteindre, il termine en ajoutant : « Je me suis appliqué à démontrer que la respiration des plantes a *pour résultat final appréciable* de déterminer *la rotation et le transport de leur carbone en élevant leur température.* Cette rotation est sous la dépendance de la vie, car elle cesse avec cette dernière. »

Extrait d'une lettre écrite à M. Achille Richard, membre de l'Académie des sciences, professeur à la faculté de médecine, à l'occasion de la citation qu'il a bien voulu faire de mon travail dans la dernière édition de son traité de botanique.

Monsieur,

L'intérêt que vous avez accordé à mon Mémoire sur la *Respiration des végétaux* m'engage à vous donner communication du résumé qui le termine, et à y joindre un autre Mémoire qui en est le complément, la *Statique de l'oxygène atmosphérique.*

Vous pourrez voir, Monsieur, que mes recherches sur la respiration des végétaux sont très différentes de celles de M. Garreau. Les expériences de ce chimiste ne font pas connaître de faits nouveaux; elles seraient une vérification de faits constatés par Ingen-Housz, par Spallanzani, par de Saussure. Les faits de ces illustres savants méritaient confiance, puisque nos travaux récents ne font que les confirmer de tout point; mais ils n'avaient pas reçu leur véritable interprétation. Personne n'en avait déduit la nouvelle théorie de la respiration, personne ne l'avait établie.

Sans doute les faits *vérifiés* par M. Garreau sont une partie importante des matériaux conduisant à l'admettre; mais comme de Saussure, qui les a constatés avant lui, ne l'a pas aperçue; comme, à l'époque où il les a vérifiés de nouveau (*Compte rendu de l'Académie des sciences*, t. XXXII, p. 298, février 1851), M. Garreau n'a pas été plus heureux; comme enfin, depuis bientôt soixante ans que les mêmes faits sont consignés dans les ouvrages les plus répandus parmi les savants, ceux de Spallanzani et de Théod. de Saussure, la théorie nouvelle n'avait pas été faite; il n'est, ce me semble, aucune raison de croire que, si, aidé d'autres faits, partant d'autres principes, me plaçant à un autre point de vue, je ne l'avais pas trouvée, l'exposition actuelle d'expériences susceptibles d'interprétations très différentes lui eût plutôt donné naissance que ne l'avait fait jusqu'ici l'exposition ancienne et permanente des mêmes expériences.

Veuillez agréer, etc.

Addition à la lettre précédente.

En réalité, du fait ancien, *vérifié* par M. Garreau et présenté par lui comme nouveau dans la science, à la théorie que j'ai exposée, il y avait encore fort loin, et la route à parcourir offrait plus d'une lacune.

Le fait accepté, on faisait tout naturellement, et suivant les usages, ce qu'avait fait M. Garreau lui-même. On conservait la théorie reçue, et l'on ajoutait : « Il avait été admis jusqu'ici que les parties vertes des végétaux n'absorbent l'oxygène et ne le transforment en acide carbonique que pendant l'obscurité; leur pouvoir d'absorption est plus étendu : les expériences de M. Garreau prouvent d'une manière incontestable que le même phénomène s'effectue encore à la lumière diffuse d'un jour sombre. » Et tout était dit.

Pour arriver de là à la théorie nouvelle de la respiration des végétaux, il fallait établir que la respiration d'oxygène humide, qu'on croyait n'avoir lieu qu'à l'abri de la lumière directe et surtout à l'obscurité, s'effectuait aussi et mieux encore sous l'influence de la lumière directe, qu'elle était un phénomène général s'opérant dès que la température est suffisante, ne relevant que d'elle et se tenant en rapport avec elle.

Or qui peut dire combien il aurait fallu d'années pour arriver à voir les choses sous ce point de vue?

Ce terme atteint, il fallait comprendre que, contrairement à ce qu'on avait toujours admis, l'absorption d'oxygène humide est le fait essentiel de la respiration des végétaux, tandis que la décomposition d'acide carbonique, à
laquelle on avait toujours accordé le principal rôle, ne
jouait pourtant qu'un rôle secondaire.

Si les hommes de l'expérience brute se représentaient
la prodigieuse quantité de faits isolés qui n'encombrent
guère moins qu'ils n'enrichissent le domaine de la science;
s'ils les comparaient au nombre si petit des lois qui éclai-
rent sa marche, ils comprendraient qu'il faut bien au fond
que les lois soient un peu plus difficiles à trouver que les
faits; ils se montreraient plus justes envers les hommes
qui s'adonnent à la recherche de ces lois ; et par là, ils ne
serviraient pas moins la science qu'en lui fournissant des
matériaux isolés, dont un grand nombre peut-être n'ar-
riveront jamais à occuper une place importante dans l'édi-
fice qu'elle se construit.

Paris. — Imprimerie d'E. Duverger, rue de Verneuil, 6

IMPRIMERIE D'EUGÈNE DUVERGER,
RUE DE VERNEUIL, 6.